DES

COURSES

CONSIDÉRÉES

COMME MOYEN

DE PERFECTIONNER LE CHEVAL DE SERVICE ET DE GUERRE,

PAR M. A. RICHARD,

Docteur en médecine, ancien cultivateur et élève de l'école d'Économie rurale et vétérinaire d'Alfort, ancien professeur, suppléant à l'Institut national, agronomique de Grignon, directeur de l'école des Haras, membre de plusieurs Sociétés d'agriculture, de sciences naturelles, etc., etc.

SAINT-FLOUR,

DE L'IMPRIMERIE DE V. VIALLEFONT, IMPRIMEUR-LIBRAIRE.

—

1848.

DES
COURSES

CONSIDÉRÉES

COMME MOYEN

DE PERFECTIONNER LE CHEVAL DE SERVICE ET DE GUERRE,

PAR M. A. RICHARD,

Docteur en médecine, ancien cultivateur et élève de l'école d'Économie rurale et vétérinaire d'Alfort, ancien professeur, suppléant à l'Institut national, agronomique de Grignon, directeur de l'école des Haras, membre de plusieurs Sociétés d'agriculture, de sciences naturelles, etc., etc.

SAINT-FLOUR,

DE L'IMPRIMERIE DE V. VIALLEFONT, IMPRIMEUR-LIBRAIRE.

—

1848.

DES COURSES

CONSIDÉRÉES

COMME MOYEN

De perfectionner le Cheval de service et de guerre.

La question du perfectionnement des chevaux est une des plus importantes de notre production animale. Tous les gouvernements qui se sont succédés en France, et notamment depuis 1639 et 1665, ont porté à cette branche d'économie rurale une attention toujours soutenue. Ce qui s'explique par l'influence qu'elle a exercée sur la prospérité et la force des États en général. Un peuple, qui serait tout à coup privé de la précieuse locomotive que lui fournit l'industrie chevaline, perdrait un de ses plus puissants éléments de bien-être et de civilisation.

Il nous est donc permis de dire que le cheval qui a puissamment contribué à établir la constitution sociale des nations civilisées, est devenu indispensable à son maintien comme à sa défense.

Mais cet admirable auxiliaire fonctionne d'autant mieux qu'il est dans de meilleures conditions de nature de confection, et que la matière qui a servi à le fabriquer est de meilleure qualité.

La question d'amélioration de nos races chevalines, est toute entière dans l'étude de ces deux principes élémentaires de mécanique animale.

Dans les arts, dans les industries de tout ordre, le prix d'un instrument dépend toujours de la mesure de sa confection, de ses fonctions, et de la somme de bénéfice qu'il produit. Le cheval, comme tous les instruments possibles, est soumis à cette règle générale; mais, pour bien juger de ses qualités, une épreuve est reconnue indispensable. En effet, on voit souvent de beaux chevaux réunir les meilleures conditions de mécanique que l'on puisse désirer. Les dispositions de leur charpente, celles des puissances qui provoquent le jeu de ses leviers, sont en parfaite harmonie de rapports. Cependant, ces animaux sont sans énergie, sans force. Il leur manque le sang, l'âme qui doit animer leur machine. Nous les comparerons à une locomotive parfaitement confectionnée, mais qui manque de vapeur pour marcher convenablement.

L'épreuve est donc le meilleur moyen de juger de la vigueur, de l'énergie d'un cheval. Mais il ne faut pas confondre un essai sérieux avec les jeux de hasard de l'hippodrome, avec les courses de vitesse de quatre ou cinq minutes, qu'on a portées de nos jours au plus haut degré de rafinement qu'il soit peut-être possible d'atteindre. Si les courses de fond, bien comprises et bien adaptées à nos diverses races et aux ressources morales et physiques de l'industrie agricole, doivent être considérées comme un des meilleurs moyens d'encourager le perfectionnement des chevaux légers, les faits ont démontré que les courses actuelles imitées des anglais, ont contribué, plus qu'on ne le croit, à détruire nos races de selle, jadis si estimées pour les services du commerce ou de l'armée.

On nous fera sans doute l'objection ordinaire, que nos anciennes races légères manquaient de développement, et qu'il fallait leur en donner par des croisements. Nous répondrons que cette erreur matérielle, soutenue pour tâcher de légitimer des faits condamnés par la raison autant que par l'expérience, ont été la cause de bien des déceptions. Le développement d'une race d'animaux est toujours subordonnée à la manière dont elle est nourrie, ou à la nature des éléments ou des lieux qu'elle habite. Si l'on veut lui donner de la taille par des croisements, sans tenir compte des circonstances dont elle dépend, on peut être sûr de la dégrader ou de la détruire, au lieu de la perfectionner. Il n'y a pas d'exception à cette règle générale de la nature. Peut-on modifier un effet et le rendre meilleur , sans tenir compte de la cause qui le produit ? Rien ne serait plus contraire aux lois de la raison ; les faits, d'ailleurs, l'ont toujours prouvé.

L'Angleterre est la première nation de l'Europe qui ait joué aux courses d'un ou deux kilomètres. Jacques Ier, Charles Ier, et surtout Charles II furent les rois qui encouragèrent le plus la création d'une race de chevaux exclusivement destinée à ce genre de passe-temps. Cependant , à cette époque , les épreuves étaient plus sérieuses que de nos jours, en Angleterre. La longueur de la carrière à parcourir était de deux et même de trois fois plus longue (de 4 à 6,400 mètres.), et le poids que devaient porter les coursiers s'élevait jusqu'à 80 kilogrammes au lieu de 45 ou 50 environ. Mais peu importe aux anglais, la différence d'étendue de terrain à parcourir et le poids dont le cheval doit être chargé ! pour eux, le but des courses, c'est le jeu ; ce sont les paris qui s'élèvent à des sommes énormes , et qui font et défont bien des fortunes. Ce genre de spectacle convient au caractère national britanique ; s'il lui manquait , il faudrait en inventer un autre immédiatement, avec d'autres animaux , ou un autre ordre de luttes. N'ont-ils pas encore leurs combats d'hommes, de coqs, de chiens dogues dont ils ont si singulièrement confectionné la mâchoire pour le but proposé ?

On comprend donc que les anglais aiment les courses , qu'ils les encouragent et les conservent telles qu'elles sont, pour les plaisirs qu'elles leur procurent, ou les bénéfices qu'elles donnent aux plus adroits coureurs. Aussi chez eux l'industrie privée fait tous les frais de ces jeux nationaux : elle est donc libre de dépenser son argent comme elle l'entend ; l'Etat n'a point à s'en occuper.

En France il n'en est pas de même ; le morcellement de la propriété , la division des fortunes ne permettent pas l'entretien d'hippodrome , de haras, de coursiers que possèdent les riches propriétaires anglais , ni l'élevage en grand des chevaux de jeu : d'ailleurs , la nation française n'a pas ce même goût de spéculation ruineuse, en général, pour tous ceux qui l'exercent. L'Etat a donc cru devoir intervenir en fondant des haras à ses frais , et en favorisant, autant que possible , l'élevage des chevaux de vitesse dans la louable intention de concourir au perfectionnement des races. Nous croyons pouvoir démontrer que ces efforts ne pouvaient avoir que de tristes conséquences ; et nous fonderons notre opinion sur le raisonnement autant que sur les faits accomplis et connus de tout le monde.

On a pensé , en France , que les chevaux de vitesse avaient servi à perfectionner toutes les races anglaises , si bien adaptées aux divers services pour lesquels elles sont façonnées. C'est une erreur : chaque espèce de cheval anglais a son type particulier qu'on lui conserve et qu'on ne détruit pas par des mélanges irrationnels. Les anglais emploient l'étalon de vitesse au perfectionnement de son type et à sa conservation. Il en est de même du cheval de chasse , de fonds , de trait , chacun dans sa spécialité. S'il y a , par hasard , quelques exceptions à cette règle générale , elles sont rares , et ne détruisent pas le principe rigoureusement observé (1).

---

(1) En 1846 et 1847, nous avons eu l'idée, en France, de faire , comme les anglais , une course au clocher à la croix de Berny : mais, pour ces luttes pénibles, il faut des chevaux de fonds , et la France n'en eut pas un seul à présenter sur le terrain le jour indiqué. Les anglais passèrent la Manche avec leurs chevaux de chasse , et n'eurent pas beaucoup de peine à nous battre. Ils coururent seuls. Nous n'avons jamais pu comprendre comment , après avoir reçu une première leçon en 1846 , nous avons pu nous exposer à nous en faire donner une autre , l'année suivante , sous les murs de Paris , aux yeux de l'Europe. Elle put juger de notre habileté et de la richesse de notre industrie chevaline , tant vantée par ceux qui avaient concouru directement à sa dégradation par les mélanges incroyables que nous avons faits. L'Angleterre ne pourra jamais nous donner un démenti plus éclatant , et nous prouver mieux qu'elle le fit , notre ignorance en perfectionnement de chevaux de service et de guerre.

Chez nous, au contraire, nous avons cru avoir trouvé, dans le sang de vitesse et la conformation, le régénérateur universel de toutes races, jusqu'à celles de gros trait. Nous l'avons employé, même aux lieux où il convenait le moins ; nous avons pensé que le pur sang d'hippodrome peut perfectionner toutes les races, quelle que soit même sa nature, bonne ou mauvaise dans sa spécialité.

Or, voici quelles devaient en être les conséquences.

L'étude des principes les plus élémentaires du perfectionnement des animaux nous apprend que, pour améliorer la race d'un pays, pour la rendre supérieure à son type, il faut d'abord la croiser par des producteurs qui aient, au moins, quelque analogie de structure avec elle, si d'ailleurs ils lui sont supérieurs en qualités. D'un autre côté, l'examen du mode d'élevage des deux races en présence ne doit jamais être négligé ; il est toujours d'une importance majeure à consulter. Ici, les animaux ont la plus grande analogie avec les végétaux. Dans l'un comme dans l'autre règne, un sujet élevé sur un sol riche, avec des soins bien entendus et souvent exceptionnels, réussira mal, si on le soumet brusquement à des conditions opposées. Pour pouvoir compter sur un succés, il importe donc qu'il y ait rapprochement, sinon analogie, dans les circonstances dont il doit dépendre. Il n'est pas un seul praticien, un esprit observateur, qui ne soit d'accord avec nous sur ce point.

Voilà les conditions premières qui peuvent être considérées comme base fondamentales du succès d'un croisement. Si on désirait changer totalement une race, si on voulait lui donner des formes différentes de celles qui la caractérisent, on opèrerait très-mal en la croisant immédiatement par des sujets trop éloignés de son type. On aurait des métis sans caractère tranché, sans spécialité de service ; leur conformation serait un mélange malheureux de vices et de qualités ; et dans l'espèce chevaline, ces produits n'ont aucun prix. Leur machine, mal confectionnée, fonctionne mal ; elle ne paye pas les frais de son entretien et l'intérêt du capital qu'elle représente. Elle est donc sans valeur commerciale.

Dans la nature, les transformations sont toujours lentes. Si on veut les provoquer, il faut agir avec mesure, par gradation bien combinée, et avec une sage lenteur. Si on veut forcer leur marche, surtout lorsqu'on opère sous des conditions peu favorables au but proposé, on peut être sûr de détruire, au lieu d'édifier.

Eh bien! voilà ce qui est arrivé pour nos chevaux légers en France. Nous allons expliquer comment il était impossible qu'il en fut autrement.

Pour procéder avec méthode, nous devons dire d'abord qu'elle doit être la nature du cheval de vitesse, quel est le mode d'élevage employé pour l'obtenir, quel est l'unique but de l'industrie qui s'en occupe. Nous examinerons ensuite dans quelles conditions il est employé en France, et nous verrons s'il est possible d'admettre que son emploi a pu régénérer nos espèces de chevaux de service, surtout ceux qui sont destinés à l'armée.

La physiologie, comme l'expérience, démontre en thèse générale, que pour dépenser la plus grande somme de puissance locomotrice dont il puisse disposer, dans le plus court espace de temps possible, un cheval doit réunir deux conditions indispensables, sans lesquelles il lui est impossible d'être coursier de jeu d'hippodrome : il faut d'abord que son tempérament soit nerveux, irritable, très-ardent; ensuite la construction de tous ses appareils de locomotion doit être dans des conditions mécaniques qui favorisent le plus l'étendue de leur jeu, même au dépent de leur force ou de leur résistance, conditions inutiles, au fond, à la nature de vitesse exigée.

Convaincus de ce fait, les anglais, si habiles dans l'art de modifier la nature et la conformation des animaux suivant leur but, choisirent d'abord le sang oriental qui offrait l'étoffe la plus convenable au modèle qu'ils voulaient avoir. Ils façonnèrent ensuite , sur cet excellent canevas , leur pur-sang de vitesse , tel qu'il est , avec toutes les conditons qui le rendent si apte à sa destination.

Mais , pour changer la nature du sang oriental pour lui donner les caractères généraux qui distinguent le pur-sang de vitesse anglais , que d'esprit d'observation , que d'études , que de persévérance il a fallu employer dans les procédés artificiels qui devaient présider à cette opération délicate ! Il s'agissait , non-seulement de conserver quelques-unes des qualités du pur-sang primitif dans un climat qui lui était si peu favorable , mais encore il fallait en changer la nature , pour la rendre , sous certains rapports , supérieure à son type originel. Pour y parvenir , on a eu recours aux croisements et accouplements toujours combinés dans le sens de la vitesse, à l'exclusion de toute autre qualité.

Les élèves ont dû être dans des conditions de température convenable , favorisée par des vêtements de laine , de flanelle moelleuse , taillée de manière à bien s'adapter sur toutes les parties du corps. Les écuries ont été tenues à une température convenable de 16 à 20 degrés ; elles ont été pourvues d'ouvertures bien disposées , bien combinées , de dépendances convenables , de tous les accessoires enfin propres à bien favoriser l'élevage des sujets de tout age. Une alimentation de premier choix comme espèce et comme qualité , un régime tonique régulier , bien gouverné , suivi des exercices bien dirigés par des hommes spéciaux , des pansements minutieux , des massages propres à activer l'action des capillaires de la peau, des muscles , etc. , enfin mille soins détaillés , commandés par l'observation pratique de chaque instant , ont présidé à la création de la race de chevaux de vitesse , comme à sa conservation.

Par ces procédés artificiels bien dirigés , et en choisissant toujours les types qui réunissaient , par leur conformation et leur tempérament , les meilleures conditions de vitesse pour les marier entre

eux sans mélange, les anglais sont parvenus à
effiler, en général, le squelette de leurs coursiers
d'hippodrome, à amincir leur encolure. On a
allongé leur corps, les colonnes des membres, et
surtout celles des membres postérieurs qui favorisent ainsi mieux la vitesse. On a donné de la hau-
teur à leur poitrine sans s'occuper d'en augmenter
la capacité vers la région postérieure. On a retréci
le poitrail, élevé la croupe de manière à dominer
le garrot, condition très-favorable à la rapidité des
lalures au galop. On a incliné les épaules, allongé
les muscles locomoteurs, surexcité le système nerveux. On a obtenu enfin, à tout prix, une machine
animale à grande vitesse instantanée, quelle que
soit sa fragilité. La force, en effet, le fonds, la
résistance, la rusticité, etc., qualités inutiles au
jeu de hasard d'hippodrome, ne devaient point
occuper le joueur, si elles sont si essentielles, si
recherchées pour les chevaux de fonds. Du reste,
les anglais, qui ont créé des races artificielles dans
toutes leurs espèces d'animaux, en leur donnant
la conformation, l'aptitude la plus convenable au
service pour lequel ils les ont façonnées, ont fait
pour leur sang de vitesse ce qu'ils ont fait pour
chacune des autres espèces domestiques : tels sont
leurs coqs de combat, leurs chiens de tout ordre,
leurs bœufs, leurs moutons, leurs porcs. Quand
ils ont eu un but, ils l'ont atteint, sans tenir
compte du temps, des dépenses, des obstacles na-
turels ou accidentels, des luttes incessantes à soutenir contre les circonstauces souvent opposées à
leurs opérations de fabrication animale.

En France, nous sommes loin de cette persévérance, de cette tenacité indispensables pour créer des
races dont la science a dirigé la confection et la conservation en Angleterre. A l'exception du mérinos,
toutes nos espèces d'animaux sont le produit na-
turel du sol sur lequel on les élève. Nous n'avons
encore pu faire aucune race artificielle et la conserver, tant nous avons été légers, inconstants
dans des opérations qui ne peuvent jamais réussir

sans esprit de suite et sans les savantes combinai-
sons dont nous ignorons encore les plus simples
éléments. Cependant nous avons voulu chercher à
imiter les Anglais non pour modeler le cheval de
vitesse comme eux, mais pour le conserver tel
qu'ils nous l'ont vendu. Nous avons donc aussi joué
aux courses, et, pour réussir le mieux possible,
nous avons dû tout sacrifier à la vitesse, rien à la
force de la constitution, rien au fond; pourvu que
le cheval en ait assez pour suffire à l'épreuve d'un
ou deux kilomètres sur un terrain bien uni, bien
choisi, il ne lui en faut pas d'avantage.

Le cheval de vitesse est donc partout un type
artificiel parfaitement distinct de toutes les autres
espèces de service. Il en diffère par la nature autant que par le genre d'élevage qui a modifié son
organisme. S'il était livré à lui-même, aux influ-
ences normales de la nature, il perdrait bientôt
la spécialité de sa conformation pour se rapprocher
de celle des autres espèces du lieu où il serait; il
ne peut être élevé et conservé en France que par
un très-petit nombre de propriétaires privilégiés
par leur savoir et leur fortune.

Voyons, maintenant, ce que doit être le cheval
de service et surtout de guerre; examinez dans
quelle condition il doit être élevé, pour voir s'il
peut être proportionné par celui d'hippodrome :

Une des premières conditions de l'élevage du cheval de troupe, c'est d'être à la portée de tous les
propriétaires ou fermiers du Royaume; il doit être
praticable par tous les éleveurs, instruits ou igno-
rants dans l'art de perfectionner les races. Voilà
déjà une différence bien tranchée entre la production des deux types que nous examinons. Nous
savons que celui de course ne peut-être élevé que
par quelques propriétaires exceptionnels qui aban-
donnent tous les jours cette industrie dispendieuse.
Il faut beaucoup de fortune pour pouvoir la conti-
nuer. L'état lui-même a supprimé le haras de Ro-
zières; il a réduit ceux du Pin et de Pompadour, à
un très-petit nombre de poulinières et il a bien fait.

L'élevage du cheval de guerre doit donc différer de celui d'hippodrome par une pratique plus facile, plus simple et surtout plus économique. Établissons, maintenant, une comparaison entre les qualités indispensables à l'un et à l'autre de ces deux types, et nous verrons que non seulement elles sont diamétralement opposées, mais qu'elles s'excluent mutuellement.

Nous avons dit que pour faire gagner au jeu d'hippodrome, un cheval doit être d'un tempérament nerveux, très-irritable, très-ardent. Il doit être aussi très-léger pour qu'il puisse s'enlever avec plus de facilité au galop. Le système osseux le plus frêle, si ses leviers sont très-favorables à la vitesse, les muscles les plus grêles, s'ils ont beaucoup de longueur pour avoir plus d'étendue d'action, sont dans les meilleures conditions de constitution qu'on puisse leur désirer.

Le corps du coursier d'hippodrome actuel doit donc être effilé, élancé, supporté par des membres allongés quelques grêles qu'ils soient ; du reste, on ne tient aucun compte des tares qu'on lui pardonne volontiers, pourvu qu'il gagne des prix ; mais il faut qu'il dépasse toute son impétuosité dans le plus court espace de temps possible, dut-il n'être plus propre à rien après le succès de la lutte.

Voilà le but de l'élevage du cheval de course, il n'y en a pas d'autre. Le meilleur producteur du monde, le mieux constitué, ne vaut rien pour ce genre d'industrie, s'il ne réunit pas les conditions que nous venons de signaler ; le plus mauvais, au contraire, est le meilleur s'il a du succès sur l'hippodrome.

Le cheval de guerre est bien loin d'avoir la moindre analogie avec celui que nous venons d'examiner. Il faut qu'il soit calme, froid et docile. Son tempérament sanguin, sa constitution robuste, athlétique, doivent être capables de supporter non seulement les fatigues et les privations, mais encore les vices hygiéniques inhérents à mille circonstances imprévues en campagne. La conformation

générale de la charpente, la disposition de tous
les appareils de sa machine examinée dans son
ensemble comme dans ses détails, doivent toujours
être dans de bonnes lois d'harmonie, et garantir
la vigueur, la force unies à la résistance. Ainsi, au
lieu d'être effilé, élancé, le corps du cheval de
troupe sera, au contraire, trapu, ramassé. Ses
membres, exempts de tares et de vices de construction, seront courts, bien articulés, fortement
musclés, leurs tendons seront forts, bien détachés,
bien tendus et dans de bonnes conditions de résistance pour bientransmettre les efforts de leurs puissances. La poitrine sera vaste pour contenir un
énergique foyer de vie, les reins seront courts,
larges et bien musclés, pour supporter sans effort
le poids du cavalier et de ses armes, celui de leur
équippement et souvent ses vivres. Une grande
sobriété, une santé rustique, lui sont indispensables
pour résister aux privations, aux intempéries des
saisons, au bivouac, à la pluie, à la neige, à toutes
les misères du rude métier de soldat pendant la
guerre. Il ne s'agit pas pour lui d'avoir une rapidité
d'allure acquise aux dépens des autres qualités les
plus indispensables à son service; une vitesse mo-
yenne lui suffit toujours quand elle est nécessitée.
Le succès d'une charge de cavalerie est dans l'union,
dans l'ensemble et la régularité de la manœuvre,
et non dans le désordre indispensable d'une vitesse
à outrance et immodérée. Si un colonel de cavalerie
avait à commander un régiment monté avec des
coursiers artificiels, il lui serait impossible de gou-
verner un mouvement avec l'ordre indispensable
au succès.

Nous le répétons donc : les qualités du coursier
d'hippodrome et celles du cheval de guerre, n'ont
rien de commun entre elles, elles sont opposées au
contraire, et s'excluent mutuellement.

Nous le demandons maintenant à tous ceux qui
eulent y réfléchir : est-il possible de supposer que
eux animaux aussi différents, élevés dans un but
 opposé, dans des conditions si dissemblables,

pour un service si distinct, puissent se perfectionner réciproquement? L'élevage de l'un exige des frais énormes, des moyens d'exécution exceptionnels sous tout rapport; il est impossible de les trouver réunis chez nos éleveurs français, en général. L'élevage de l'autre, au contraire, est facile partout. Il est praticable par des moyens simples et économiques. Les pâturages de tous les pays de France, sur les sommets des montagnes, comme dans les vallées et les plaines, lui conviennent. Il s'y habitue de bonne heure aux intempéries des saisons et à leurs conséquences; son organisme s'y développe en liberté et par les courses, les exercices auquel il se livre lui-même tous les jours : il devient ainsi fort, robuste et sobre cheval, de service et de guerre enfin. Souvent, avant l'époque de la vente, les éleveurs commencent à le soumettre à des travaux légers qui, sans le fatiguer, payent une partie de ses frais d'élevage.

Le cheval de course, au contraire, ne saurait se passer des soins incessants et minutieux dont il est entouré sans perdre la spécialité qu'on lui a créée. Il faut qu'il soit toujours dans une température à peu près égale, bien enveloppé dans des vêtements de laine. Il faut qu'un personnel capable de bien diriger son éducation ne le quitte jamais, et dépense toujours et beaucoup, jusqu'à ce qu'il se présente sur un hippodrome. S'il est battu, ce qui arrive souvent, il ne trouve pas d'acheteur, parce que n'ayant pas été propre à sa spécialité, il n'en a pas d'autre. Le cheval de service, au contraire, est toujours employé partout avec avantage.

Nous devons signaler ici un fait qui nous prouvera qu'une condition essentiellement inhérente aux chevaux de vitesse, les rendrait impropre à perfectionner les races de service de tous les pays, en supposant même que la nature de leur sang y serait apte. Les chevaux d'hippodrome ayant tous même destination, même but, ont été façonnés partout suivant le même modèle. En France comme en Angleterre, dans le nord comme dans le midi de l'Europe, ils ont les mêmes caractères généraux de conformation et de tempérament. Cela s'explique facilement par la nature de leur origine et l'identité de moyens employés pour la perpétuer. Or, comme les races varient suivant les contrées et leurs agents physiques, et que, pour suivre les lois de l'expérience comme celles de la raison, il faut adapter à chaque type celui qui lui convient pour l'améliorer, le sang de vitesse ne pourrait croiser raisonnablement avec avantage, que les races qui se rapprocheraient le plus de sa constitution particulière. L'employer sans distinction, c'est détruire la race dont on lui confie le perfectionnement, pour les remplacer par des métis des rues, des bâtards sans trace de caractère spécial, sans destination et sans valeur. C'est en suivant ce triste procédé, en France, que nous avons dégradé, perdu toutes nos espèces légères propres à la guerre, dans tout le midi, surtout. S'il nous reste quelques bons types, bien rares, ils proviennent de chevaux de fonds. Certains éleveurs ont eu le bon esprit de repousser les autres de tous leurs pouvoirs. Ce résultat malheureux devait être rigoureusement prévu. L'observation de tout ce qui passe à chaque instant sous nos yeux dans la nature, nous démontre qu'il n'est pas plus raisonnanble de vouloir adapter, sans distinction, le même type animal partout, que de vouloir cultiver le même végétal sous toutes les latitudes et dans toutes les conditions, même opposées.

Mais, l'unité de constitution du pur sang de vitesse, n'est pas le seul obstacle au succès de son emploi général pour perfectionner nos races. Les produits se ressentent de la nature artificielle de leurs pères. Comme eux, ils sont très-délicats et difficiles à élever ; comme eux, ils exigent des soins exceptionnels, des dépenses que les fermiers et petits cultivateurs, qui font la masse des éleveurs du midi surtout, ne peuvent pas faire. Aussi abandonnent-ils généralement l'industrie de l'élevage du cheval léger pour produire le mulet, malgré les louables efforts et le dévoûment de l'administration civile et militaire, pour arrêter cette tendance malheureuse pour notre cavalerie.

Jusqu'ici, nous avons développé des principes puisés dans l'observation de la nature. Voyons si les faits viennent les sanctionner :

Depuis plus de vingt ans, nous nous attachons à étudier, sur tous les points de la France, les les efffets de l'emploi des étalons de vitesse les plus renommés ; nous allons rapporter ce que nous avons vu nous-même, en citant les noms et l'origine des producteurs, et les lieux où nous les favons observés.

L'Alsace avait, il y a vingt ans, un étalon de pur sang de vitesse, acheté en Angletterre ; il était fils d'Orville, un des coursiers les plus célèbres du turf britannique ; on le nommait Fulford. Cet étalon, bai-brun, assez fortement taré à un membre antérieur, fut placé dans la partie du département du Bas-Rhin qui offrait le plus de ressource à la propagation de son sang, dont on attendait les plus heureux résultats. Nous l'avons vu en 1830 à Sultz, arrondissement de Vissembourg, où il était en station ; nous y avons étudié en même temps ses produits. Ils avaient généralement beaucoup d'ardeur, mais ils étaient difficiles à élever. Presque tous étaient irritables et souvent vicieux. Fulford, qui était méchant et dangereux, transmettait ce vice par hérédité à la plupart de ses produits. Nous avons nous même possédé, en 1831, un fils de cet étalon ; il manquait, comme tous ses frères, de régularité d'harmonie dans ses formes, et il avait été très-difficile à dresser et à monter. Du reste, il n'avait aucune des qualités du cheval de guerre, quoiqu'il fut un des meilleurs produits de Fulford. Il nous avait été vendu pour la modique somme de 300 francs.

Malgré toute la célébrité de son origine, Fulford, qui mourut en 1831 à l'âge de 19 ans, ne laissa aucune trace d'amélioration dans les chevaux légers de l'Alsace, ce qui, d'ailleurs, était facile à prévoir.

Le cheval ardennais a été très-estimé par les remontes de l'armée. L'ancienne race, qui avait fait

sa brillante réputation bien méritée, a été complè-
tement détruite. Il n'en existe plus un seul individu
dans l'Ardenne française, si on en trouve encore
des traces dans l'Ardenne Belge.

Le conseil général du département des Ardennes
plein de dévoûment pour la prospérité de l'industrie chevaline, poursuit depuis plusieurs années,
avec un zèle qui ne se ralentit pas, les moyens de
régénérer la race ardennaise (1). Il a déjà fait plusieurs essais dispendieux sans être fixé d'une manière absolue sur les véritables moyens de résoudre
le problème.

Nous avons étudié ce département et nous avons
pu nous assurer que les types de vitesse d'hippodrome ne lui conviennent pas plus qu'aux autres
pays de France. Les éleveurs ardennais en ont été
convaincus par l'expérience, qui leur a coûté cher.
Ils ne veulent plus que des étalons de service ache-
tés par le conseil général au moyen du fonds qu'il
vote annuellement. Deux étalons de pur sang de
vitesse, Osiris et Karl, tous deux élevés en Limou-
s'n, ont été employés cette année, l'un à Vouziers,
l'autre à Sédan. Leurs produits n'auront aucune
valeur dans le commerce. Osiris et Karl, comme
tous ceux qui leur ressemblent et il y en a beaucoup
trop, sont un contre-sens dans les Ardennes et
presque partout en France, tant ils sont de mauvaise nature sous tout rapport. Les seuls beaux

---

(1) Le conseil général des Ardennes poursuit non seulement
le perfectionnement de l'espèce chevaline, pour laquelle il a
dépensé près de 500,000 fr. depuis 1832, mais encore celle de
l'espèce bovine. A sa session de 1847, il me fit l'honneur de
me consulter sur les meilleurs étalons à acheter pour croiser
les races bovines. Je répondis que le type Salers, bien choisi,
était celui qui me paraissait offrir le plus de garanties de succès. Des fonds furent immédiatement votés pour acheter des
étalons de Salers pour les Ardennes, dans le courant de l'année 1848. Je poursuivrai cette idée dans la presse. Nos montagnes doivent élever pour toute la France des étalons pour
l'espèce bovine. Nul pays d'Europe, pas même l'Angleterre,
n'en a de meilleurs, si nous voulons soigner un peu leur conformation. Nous nous occuperons de cette question, de la plus
haute importance pour notre industrie agricole, dans un ouvrage spécial que nous nous proposons de publier plus tard.

que nous avons observés à Vouziers, à Rethel, à Charleville, à Mézières et au dépôt des remontes de Villers, provenaient des étalons de fonds du département, eux seuls sont capables de régénérer la race ardennaise.

La Normandie, cette terre classique de l'industrie chevaline, se voit presque forcée aujourd'hui de renoncer à faire le cheval de luxe dont elle avait en quelque sorte le monopole. Malgré ses immenses ressources, les opérations malheureuses qui ont été faites dans la riche plaine de Caen, par suite de l'emploi trop exclusif du sang de vitesse, en sont la cause directe. Cependant le haras du Pin est l'établissement de France qui a toujours été le plus justement favorisé par le choix des bons étalons d'hippodrome. Pour prouver ce que nous avançons, nous n'avons qu'à citer Napoléon, Lottery, Royal-Oak, Eylau, Friedland, Y-Emilius, Mameluk, Biron, Nautilus, etc. Malgré toutes ses célébrités du turf français ou britannique, jamais la Normandie ne s'est trouvée dans la position critique où elle est aujourd'hui pour le cheval de luxe; jamais les chevaux d'attelage étrangers n'ont été plus nombreux dans ses marchés. Le cheval de trait tend à remplacer le beau carrossier normand qui était jadis envié par les nations de toute l'Europe, sans en excepter l'Angleterre; il n'en reste presque plus de trace aujourd'hui. Sur vingt-quatre mille chevaux dans l'Orne, il y a vingt mille percherons environ. Cent étalons de cette précieuse race de trait font la monte dans ce riche département si renommé jadis par les produits de luxe de la plaine d'Alençon et du Merlerault.

Un cheval de fonds, Ratler demi-sang anglais, avait un peu relevé la race normande par les nombreux reproducteurs qu'il avait faits. Il n'en reste plus aujourd'hui que quelques vieux et rares débris qui sont la dernière expression de ce que pouvait faire en Normandie un étalon d'un bon choix. Si les Normands, au lieu d'accepter sans réflexion le sang de vitesse qui a compromis leur commerce de chevaux de luxe, n'avaient jamais adopté que des étalons du type de Ratler, ils auraient aujourd'hui la plus belle espèce de chevaux de service d'Europe.

Le cheval limousin, estimé pour nos manéges et notre cavalerie légère, n'offre plus trace de ses anciens caractères et de ses qualités si précieuses pour la selle. Les étalons d'hippodrome, si mal adaptés aux ressources du pays, d'ailleurs bien suffisantes pour l'ancienne race, n'ont donné que des résultats négatifs. Napoléon, Eylau, étalons, types de course, qui ont été placés quelque temps au haras de Pompadour, n'ont produit que des poulains très-mauvais et sans valeur. Ces deux étalons sont cependant considérés, à juste titre, comme les meilleurs chevaux de vitesse que nous ayons eus en France.

L'Auvergne, soumise aux mêmes causes de destruction que le Limousin, a subi les mêmes conséquences. Le petit cheval auvergnat, si rustique, si sobre, si adroit à gravir les sentiers des montagnes escarpées, n'existe plus ; ses caractères étaient bien tranchés. Toute sa conformation indiquait la force, unie à l'énergie commune à tous les produits animaux des montagnes. Il a été complétement détruit par les étalons, tels que Fang, Y-Reveller, Egremont, Chamois, Lincée, etc. Nous avons étudié avec détail ce pays, qui est le nôtre, nous avons assisté à toutes les réunions de poulinières pour les distributions des primes, et nous garantissons l'exactitude de ce que nous avançons. Le cheval auvergnat est à refaire de toutes pièces. L'Auvergne n'attend que les moyens de le produire tel qu'il était avec ses précieuses qualités pour la guerre. Lorsque la République le voudra, elle trouvera dans ses montagnes tout le patriotisme, tout ce qui pourra fournir à son gouvernement les moyens de remonter solidement sa cavalerie légère, en si mauvais état aujourd'hui (1).

---

(1) Nous renvoyons le lecteur à l'ouvrage que nous avons publié sur cette grave question de défense nationale.

Les nombreux chevaux légers de toute la chaîne des Pyrénées ont subi le même sort. Le joli cheval navarrin a cédé partout la place aux produits du sang d'hippodrome, très-répandus à Tarbes et à Pau. Tous les chevaux pyrénéens ont des caractères irréguliers de conformation qui indiquent partout un croisement malheureux par de types de vitesse. Les mêmes individus offrent un mélange de vices de conformation et de beautés qui en font souvent des chevaux séduisants par une certaine élégance, mais le connaisseur n'y trouvera point les conditions de fonds indispensables au service de l'armée. Si ces chevaux ont tous de la distinction dans leur ensemble, ils n'ont aucune harmonie dans les diverses parties de leur corps. Ils pêchent généralement tous par la poitrine et surtout par les membres trop grêles et trop longs. Leur corps est trop élancé ; et, comme ils ont beaucoup d'ardeur, leur constitution ne tarde pas à être ruinée. Ces animaux sont trop irritables, trop délicats ; ils exigent des soins, des ménagements incompatibles avec le service du régiment, en campagne surtout.

Il est encore d'autres inconvénients qu'il importe de signaler ici : non seulement les chevaux issus des étalons de vitesse ne répondent pas au besoin des divers services, par la nature délicate de leur tempérament et leurs vices de construction mécanique, mais encore ils sont le plus souvent tarés. Il est assez rare de trouver des métis issus d'étalons d'hippodrome qui n'aient aux membres des vices héréditaires, notamment des exostoses connues sous les noms de jardons, d'éparvins, de suros, de formes, etc.; ils encore souvent des maladies chroniques plus ou moins graves, des tendons ou des ligamens, s'ils ont ont couru trop jeunes; il nous sera facile d'en expliquer la cause.

Les mécaniciens comme les physiologistes, savent que rien n'est plus contraire aux principes de mécanique en général, que de provoquer des efforts de puissances, avant que les appareils sur lesquels elles agissent, soient en état d'en supporter l'action avec avantage. Pour que des fonctions de lecomotion s'exécutent régulièrement et dans de bonnes conditions, il faut que la force des puissances soit toujours subordonnée à celles des intruments sur lesquels elles opèrent. Il faut que la résistance des leviers, par exemple, comme celle des agents passifs qui leur transmettent l'action des puissances, l'emportent sur la force de ces dernières; sans cette condition essentielle, le jeu des appareils locomoteurs serait à chaque instant troublé par des accidents. Dans les animaux, la force musculaire doit toujours être subordonnée à celles des tendons, des ligamments et des leviers du squelette; le contraire serait une erreur de calcul du créateur. Mais il n'en est pas ainsi. La puissance d'un muscle dans la marche régulière de son développement, est toujours subordonnée à la quantité de résistance des organes sur lesquels il agit. Il n'y a donc pas d'accidents à craindre, ils ne peuvent être que la conséquence d'une anomalie ou d'un cas pathologique.

Mais les éducateurs de chevaux d'hippodrome, sont loin d'être aussi sages, aussi prévoyants que la nature dont ils ont perverti les lois dans leurs opérations. Pressés de faire courir leurs élèves pour gagner des prix, ils les traitent de manière à hâter leur développement. Ils forcent leur croissance par tous les moyens artificiels que la science, l'esprit d'observation et l'argent ont pu leur procurer. Sous ce rapport, ils imitent les jardiniers habiles qui font croître leurs végétaux sur couches et sous chassis. Les exercices bien étudiés, le régime tonique auxquels ils soumettent leurs poulains, font développer leur système musculaire dont la vie est si active, dans des proportions relativement trop grandes pour les systèmes osseux, tendineux et ligamenteux, dont l'action vitale est plus lente que celle des autres tissus. Il en résulte pour les jeunes sujets, des déchirures, des distentions, des ligaments et des tendons, des maladies des os dont la solidité et les épiphyses ne sont point encore soudées. Comment en serait-il autrement ? Il faut que ces organes résistent malgré leur défaut de solidité relative, aux efforts musculaires exigés par une course forcée.

Tous ces procédés, contraires à la marche si bien ordonnée de la nature, troublent l'harmonie qui doit toujours régner dans les rapports des puissances et des résistances ; de là, des maladies, des tares de toute nature transmises par hérédité. Les Pyrénées, qui sont le pays de France où le sang d'hippodrome est le plus répandu, sont aussi celui où l'on observe le plus de tares inconnues jadis dans les excellents chevaux de service qu'on y élevait.

En Angleterre, la manie des courses va jusqu'à faire courir les poulains à l'âge de deux ans. Pour les y préparer, on est obligé de les monter à dix-huit mois, alors que les tissus ont encore si peu de consistance. Comme nous avons cherché à imiter les Anglais, non pour ce qu'ils font de bien pour toutes leurs races, mais pour ce qu'ils pratiquent de vicieux pour leurs chevaux de jeu, nous présentons nos poulains sur l'hippodrome à trois ans. A trente mois, ils sont donc exposés aux efforts exigés pour les préparer aux luttes qu'ils doivent soutenir. On nous dira que ces travaux préparatoires sont gradués, bien conduits, et que le temps des exercices est toujours de courte durée. Nous répondrons qu'ils n'en sont pas moins forcés par la nature de leur but, et toujours nuisibles dans les jeunes animaux. Il est très-malheureux que l'Etat encourage de si tristes procédés par des primes. Ils sont contraires aux règles les plus élémentaires du perfectionnement des animaux. En supposant que les types reproducteurs fussent de bonne nature, on ne pourrait pas favoriser d'une manière plus directe la dégradation de nos espèces légères toujours provoquée par un travail pénible et trop prématuré.

Le développement des chevaux de sang est toujours plus tardif que celui des races communes. Il est essentiel de les ménager jusqu'à cinq ou six ans, si on veut qu'ils durent de 25 à 30 ans. Un producteur de race noble ne devrait jamais courir avant le remplacement de toutes ses dents de lait, qui n'est terminé que vers cinq ans. C'est alors seulement que le cheval commence à jouir de toute la force , de toute la puissance de sa constitution , parce que toutes les fonctions de son organisme s'opèrent dans toute l'étendue de leur action. Tous les tissus de son économie sont dans des conditions qui peuvent supporter des épreuves raisonnées et capables de faire juger de la vigueur et du fonds des concurrents.

Ce fait n'avait point échappé à l'observation et au génie de Napoléon. Lorsqu'il fonda les courses par son décret du 13 fructidor an XIII, il eut bien soin de défendre ces épreuves de chevaux avant l'âge cinq ans révolus. Ce principe était encore en vigueur dans le règlement des courses du 27 mars 1820. Est-ce pour le progrès que nous l'avons abandonné ? nous l'avons remplacé par un autre règlement diamétralement opposé au but que nous voulons atteindre, au perfectionnement de nos races.

Pour conclure , nous disons :

1° Les courses peuvent servir à juger de la valeur des étalons et concourir au perfectionnement des races ; mais il faut qu'elles soient sérieuses , bien étudiées et subordonnées à l'aptitude des espèces qui y sont soumises.

2° Les procédés employés aujourd'hui pour ces épreuves ne remplissent pas le but que se proposa Napoléon en les fondant en 1805. Les chevaux élevés artificiellement pour ce genre de spectacle ne peuvent perfectionner nos races de service et de guerre; la science l'explique , l'expérience l'a prouvé.

3° Les races dont l'agriculture a dirigé la production en les perfectionnant par elles-mêmes, sont les seules qui se sont conservées ou qui ont prospéré. Celles qui ont été mélangées avec le sang d'hippodrome ont dégénéré , elles sont les seules qui se soient abatardies.

4° La question du perfectionnement des animaux est une question d'étude des lois de la nature et de leur influence sur les fonctions vitales de tous les corps organisés. Elle ne cessera jamais d'être un problème insoluble, si les sciences naturelles ne servent pas de base aux principes raisonnés qui éclaireront seuls la pratique difficile du croisement des races.

5º Les dépenses énormes faites par l'Etat depuis plus de trois siècles, pour perfectionner le cheval de guerre en France, ont toujours été perdues pour le progrès ; elles ont même souvent servi à l'entraver par le défaut de connaissances spéciales de ceux qui en dirigeaient l'emploi, avant comme après la révolution française.

6º Il faut que la République y mette ordre; il faut qu'elle ne permette plus que l'argent des contribuables soit gaspillé par l'ignorance et l'avidité.

A. RICHARD.

Le mémoire qui précède a été lu à l'Académie par l'Auteur, à la séance du 28 février.

L'Académie a nommé, pour examiner ce travail, quatre rapporteurs: MM. Boussingault, vice-président de l'Institut, Duvernoy, de l'Institut, professeur au collège de France, Magendie, *id.*, et Rayer, de l'Institut.

Richard
Des Courses considérées comme

www.ingramcontent.com/pod-product-compliance
Lightning Source LLC
LaVergne TN
LVHW050330030726
842520LV00005B/1871